法国经典科学探索实验书

奇妙的空气

法国阿尔班·米歇尔少儿出版社 / 著·绘

欧 瑜 / 译

U0274530

中信出版集团 · 北京

图书在版编目（CIP）数据

奇妙的空气 / 法国阿尔班·米歇尔少儿出版社著绘；
欧瑜译 . -- 北京：中信出版社，2018.9
　　ISBN 978-7-5086-8241-9

　　Ⅰ.①奇… Ⅱ.①法… ②欧… Ⅲ.①空气 - 少儿读
物 Ⅳ.① P42-49

　　中国版本图书馆 CIP 数据核字 (2017) 第 253071 号

Les expériences-clés des Petits Débrouillards – L'air
© 2014, Albin Michel Jeunesse
Simplified Chinese edition arranged by Ye Zhang Agency
Simplified Chinese translation copyright © 2018 by CITIC Press Corporation
ALL RIGHTS RESERVED.
本书仅限中国大陆地区发行销售

奇妙的空气

著 绘 者：法国阿尔班·米歇尔少儿出版社
译　　者：欧 瑜
出版发行：中信出版集团股份有限公司
　　　　　（北京市朝阳区惠新东街甲 4 号富盛大厦 2 座　邮编　100029）
承 印 者：鹤山雅图仕印刷有限公司

开　　本：880mm×1230mm 1/16　　　　印　张：6　　　字　数：69 千字
版　　次：2018 年 9 月第 1 版　　　　　印　次：2018 年 11 月第 2 次印刷
京权图字：01-2016-7232　　　　　　　　广告经营许可证：京朝工商广字第 8087 号
书　　号：ISBN 978-7-5086-8241-9
定　　价：38.00 元

目　录

实验指南

你需要的是耐心、幽默和毅力！
某些实验，你尽可以反复去做，或是和家人、朋友分享。

非常容易
实验做起来很快，或几乎不需要什么材料，或容易理解。

简单
实验需要一定的专注力，你可以从中了解并领会完整的科学现象。

复杂
实验既耗时又费材，或描述了复杂但令人着迷的科学现象。

根据使用物品的不同，某些实验需要在一名成年人的协助下才能完成得更顺利和更安全。

这类实验会标有以下提示：

"这个实验需要在成年人的陪同下完成。"

第一章

千变万化的空气

空气是什么？一种无形无色无味的混合气体！空气无影无形，以至于我们甚至会忘记它的存在！但是，空气具有很多特性，是维持生命必不可少的物质，而且导致了我们这个星球上很多现象的发生，这些现象令地球成了一个独一无二的星球。

空气，构成了环绕在地球周围、距地表十多千米高的大气层，并且让天空呈现出蓝色；空气，能够保护我们免受对皮肤有害的太阳紫外线的辐射；空气，能够储存太阳的热量，通过温室效应令气候变得温暖；空气，参与形成了各种气象现象……

空气，还是一种能源（风力磨坊、风力发电机），还能够帮助飞机和热气球飞上天空。在很长一段时间内，空气和土、水、火一起被看作世界的四大构成元素：人们曾认为天地万物都是由这四种物质混合而成的。空气，曾被认为是一个不可分割的整体。到了17世纪，学者们开始更加深入地研究空气的特性。意大利人埃万杰利斯塔·托里拆利（Evangelista Torricelli）和法国人布莱斯·帕斯卡（Blaise Pascal），通过一系列实验证明，空气有重量，一如其他所有的物质。这两位学者还证明，主要由空气构成的大气会对我们和所有处在大气中的物体施加压力。

英国人罗伯特·胡克（Robert Hooke）和约翰·梅奥（John Mayow）发现，空气是促成燃烧的必要元素：没有空气，我们就无法点着火。这两位英国科学家认为，空气中含有一种能促成燃烧的神秘物质。1775年，法国人安托万－洛朗·德·拉瓦锡（Antoine-Laurent de Lavoisier）和英国人约瑟夫·普里斯特利（Joseph Priestley）发现了空气中氧气的存在以及氧气在燃烧中发挥的作用。1785年，拉瓦锡发现了空气中的另外一种成分：氮气。于是，人们发现，空气是一种由氧气（21%）、氮气（78%）和其他气体（氩气、二氧化碳……）（1%）组成的混合气体。

我们是如何意识到了空气的存在呢，还有它的重量？大气压又是什么呢？如何确认空气的特性及其应用？本章将带着你去发现千变万化的空气，让你更好地去了解我们身边的环境。

01 空的还是满的?

当我们喝光了杯子里的水时,我们会说杯子里是空的。你确定杯子里是空的吗?

1.需要什么?

一个水桶　　一个透明玻璃杯　　一个软木塞

2.做什么?

软木塞发生了什么变化?

1 把软木塞放在桶里的水面上。

2 把玻璃杯倒过来,扣在水面的软木塞上,然后把杯子按到水桶底部,注意使杯子保持垂直。

3 在水中缓缓地把玻璃杯倾斜过来。

发生了什么?

3.什么原理?

当玻璃杯下降到水桶底部时,软木塞也下降到了水桶底部,并始终处于玻璃杯杯口附近。

玻璃杯倾斜过来时,杯子里冒出了气泡,气泡上升到水面然后破裂。因为气泡跑掉了,所以玻璃杯里灌满了水,软木塞也升了起来。

在倾斜之前,玻璃杯里充满了一种透明的东西,它推动了水和软木塞,然后以气泡的形式在水中移动。它是一种气体。**而这种气体,就叫作空气。**

4.有什么用?

充满空气的玻璃杯下降到水中,就像我们的前辈用来在水下,尤其是在河里作业的潜水钟。1690年,英国物理学家爱德蒙·哈雷(Edmond Halley)借助自己发明的潜水钟到达了水下18米深的地方。

02 无形之力

空气是有重量的。
我们把单位截面积上的铅直大气柱的重量称为气压、大气压。
我们能够让气压现出原形吗？

1.需要什么？

一根细橡皮筋

一根大头针

一支铅笔

一块边长为10厘米的正方形硬纸板

一张大大的报纸

2.做什么？

1 用铅笔尖在硬纸板的中间扎一个小洞，再在报纸的中间扎一个小洞。剪断橡皮筋，把它分别穿过两个小洞。

2 把大头针穿在橡皮筋从硬纸板中穿出的离报纸远的一头上。

3 捏住橡皮筋的另一头，把报纸覆盖在硬纸板的上面，放在平滑的桌面上。

4 轻轻地把橡皮筋向上提拉。

报纸发生了什么变化？

5 接着，放下橡皮筋，把报纸及硬纸板重新平放在桌面上，然后，猛地提拉橡皮筋。

发生了什么？

3.什么原理？

在轻轻提拉橡皮筋的时候，报纸也轻而易举地被提了起来，因为报纸非常轻，橡皮筋甚至都没有伸长太多。而在猛拉橡皮筋之后，你手里可能就只剩下橡皮筋了，而报纸则纹丝未动！——被硬纸板卡住的大头针，把橡皮筋给崩断了。

我们在轻轻提拉橡皮筋时，空气进入了桌面和报纸之间。报纸两面的空气让报纸可以被轻而易举地提起来。但是，当我们猛拉橡皮筋时，空气来不及进入桌面和报纸之间，于是报纸就被纸面上方大气的重量给压住了。这部分大气的厚度至少也有上百千米呢！截面积为1平方厘米的大气柱的重量约为1千克。

如果报纸的边长分别为40厘米和30厘米，那么面积就是1 200平方厘米，因此压住报纸的大气柱的重量就是1 200千克！
难怪橡皮筋会断了！

4.有什么用？

地球周围的空气受到地球的吸引，在地球上方形成了大气层。由于空气是流动的，它对各个方向都产生压力。我们感觉不到空气对我们的压力，是因为我们的体内也有空气且与大气相通。

飞镖的橡胶吸头能够吸附在光滑的表面上，是因为空气无法进入吸头和表面之间，就像实验中的报纸一样，于是空气的压力就把吸头压在了光滑表面上。

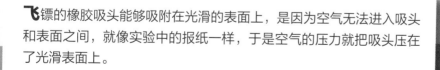

03 空气有重量吗?

　　我们周围的每一个物体都有重量。

　　但是，我们可以称出周围空气的重量吗?

1.需要什么?

一支铅笔

一把刻度尺

两个平底大口塑料杯

两个一模一样的气球

黏合剂

2.做什么?

1 在两个塑料杯的底部和尺子的中间各抹一小块黏合剂。

2 把尺子放在平放着的铅笔上，注意使尺子保持水平。在找到尺子的平衡位置之后，按压尺子的中间部位，把它固定在铅笔上，一架天平就做好了。

3 在两个塑料杯里各放一个瘪着的气球。把两个塑料杯分别放在天平的两端，调整塑料杯的位置，直到天平重新恢复平衡。按压塑料杯，把它们固定在天平上。

你注意到了什么?

天平发生了什么变化?

5 再做一次这个实验，这一次，把两个气球都吹鼓，一个大一些，一个小一些。

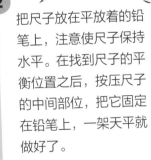

4 把一个气球吹得鼓鼓的，然后把它放回到空的塑料杯上。

3.什么原理？

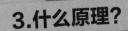

鼓气球的重量，等于气球本身的重量加上气球里空气的重量。如果天平朝放着鼓气球的塑料杯的方向倾斜，那就证明空气有重量，虽然这个重量非常之轻。

在实验过程中，我们意识到，气球吹得越鼓，就越重。

一个边长为10厘米的空气立方体（0.001立方米），重量约为1克。同等体积的水立方体，重量为1 000克（或1千克），是空气立方体的1 000倍！

4.有什么用？

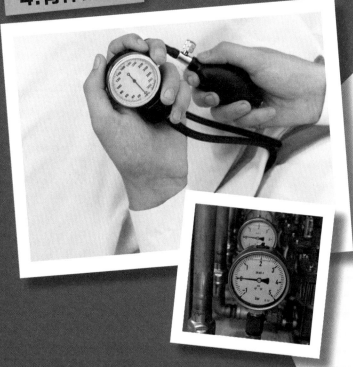

在气象学上，通常用某地具有单位截面积的垂直大气柱的重量来表示某地的大气压。大气压会随温度和所处位置的海拔高度（高处的空气较为稀薄，因此也较轻）的变化而变化。我们可以用气压计来测量大气压的变化。

04 低下头，你就像个自行车手！

在骑着自行车飞速前进时，把身子坐直了踩踏板，要比弯下腰踩踏板更费力。
为什么呢？

1.需要什么？

一把剪刀　　一辆玩具汽车　　橡皮泥　　一块长一米的木板　　四到五本书

一把刻度尺　　一张纸　　一根吸管　　一卷胶带

2.做什么？

1 坐在地上，用书和木板搭一座斜坡。

2 把小汽车放在斜坡的顶部，把尺子挡在小汽车的前面。

3 抽掉尺子，让小汽车冲下斜坡，从斜坡的最底端开始测量小汽车冲出去的距离。把结果记录下来。

4 用纸剪一个边长为20厘米的等边三角形，然后用胶带把它粘在吸管上，如图。剪短吸管，让它的长度最多超出三角形的底边2厘米。用橡皮泥把这张纸帆固定在小汽车的车顶上。

5 把小汽车放在斜坡的顶部，再次测量小汽车冲出去的距离。

跟第一次相比，小汽车冲出去的距离是更长了、一样长，还是变短了？

3.什么原理？

装了纸帆的小汽车，冲出去的距离变短了。 这种减缓了小汽车运动速度的力（我们称之为"阻力"），是由空气造成的。装了纸帆的小汽车，与空气接触的面积增加了，因此在前进过程中受到的空气阻力也随之增加了。

4.有什么用？

低下头俯在车把上，就减少了空气对我们施加的力（阻力），空气的减速效果也就降低了，我们就冲得更快了。空气阻力可以让

飞机减速直至停止。固定在机翼上的副翼，竖起来的时候可以增加风产生的阻力，从而让飞机在降落时减速。

05 别忘了你的降落伞！

为什么降落伞能够减缓物体或人的降落速度？

1.需要什么?

一个塑料袋

一把尖头剪刀

一个曲别针

三根40厘米长的线

2.做什么?

1
把塑料袋剪成一个边长为20厘米的正方形。

2
用剪刀尖在正方形的四个角上各扎一个洞。按照图中所示，把一根线的两端分别系在两个洞上，把另一根线系在另外两个洞上。把曲别针别在两条线的中间，一个简单的降落伞就做好了。

3
把降落伞收拢起来，把第三条线缠绕在其中部，然后站在椅子上，撒手放开降落伞。

降落伞是如何朝地面下落的?

4
解开缠绕在收拢降落伞中部的线，然后再次站在椅子上撒手放开降落伞。

你观察到了什么?

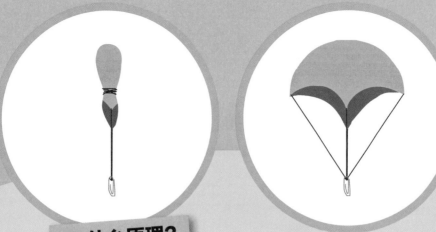

3.什么原理?

地球引力作用于所有的物体上,无论其重量如何。那么,两次撒手放开的降落伞,就应该以同样的速度下落。但是,张开的伞衣罩住的阻挡它下落的空气更多,因此它在下落中受到的空气阻力也更大。

相反,降落伞在收拢时,其罩住的空气就会大大减少,下落时受到的空气阻力也随之大大减小。

4.有什么用?

1797年,法国人安德烈-雅克·加纳林(André-Jacques Garnerin)发明了第一顶现代降落伞。他从热气球上飞身跃下,成为第一个依靠降落伞成功着陆的人。

加纳林曾经多次注意到,降落伞在下落过程中会前后颠簸,这是非常危险的。于是,他在伞衣的顶部开了一个洞,颠簸随之消失。伞衣顶部的开口可以让罩在伞衣下的空气有序地逸出,而不是从四面八方无序地逸出。

06 "救命"的气流

俗话说"无火不成烟"。
可是，点着火只需要木头和热量就够了吗？

1.需要什么？

三个小蜡烛

火柴

四个软木塞

三个空果酱瓶（两个一样大，一个小一些）

三个盘子

黏合剂

2.做什么？

这个实验需要在成年人的陪同下完成。

1 按照图中所示，把盘子、果酱瓶、蜡烛摆放好。用黏合剂把软木塞固定在盘子上。

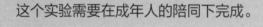

2 请成年人把蜡烛点燃，然后把果酱瓶扣在蜡烛上。

3 仔细观察蜡烛的火苗。

火苗发生了什么变化？

3.什么原理?

架在软木塞上的果酱瓶里,蜡烛的火苗似乎没什么变化。相反,被罩在果酱瓶和盘子之间的蜡烛火苗则越变越小,最后熄灭。

罩住火苗的器皿越大,火苗熄灭所需的时间就越长。支持火苗燃烧的是容器里的空气。由此我们可以得出一个结论:空气越多,火苗燃烧的时间就越长。在实验中,房间里的空气不断进入架在软木塞上的果酱瓶里,补充被火苗消耗的空气,所以火不会熄灭。

所以呢,气流"拯救"了火苗。

4.有什么用?

想要灭火,我们可以把燃烧物与空气隔开。消防员就是这么做的,他们会在发生森林火灾时投掷粉末,在发生电气火灾时喷洒干冰,在发生汽油火灾时抛撒沙子,或是用毛毯包住衣服着火的人。

07 白色、蓝色或橙色的牛奶?

太阳向我们发射的是白色的光。

那为什么天空在白天是蓝色的,在清晨和傍晚时是红色或橙色的呢?

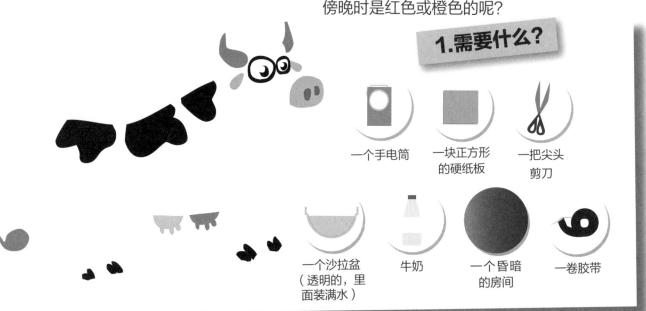

1.需要什么?

一个手电筒

一块正方形的硬纸板

一把尖头剪刀

一个沙拉盆（透明的,里面装满水）

牛奶

一个昏暗的房间

一卷胶带

2.做什么?

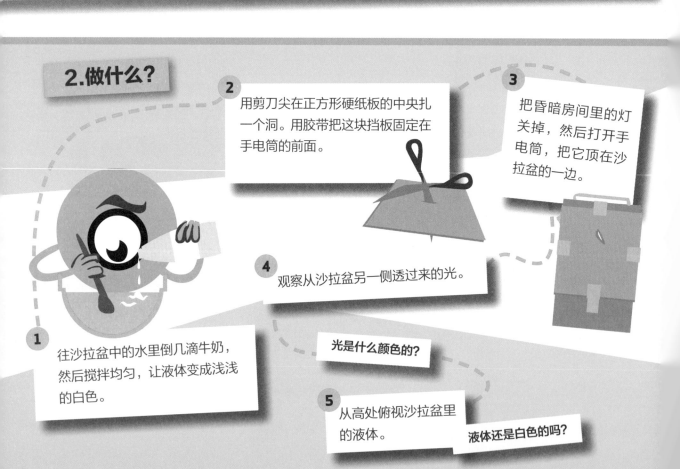

2 用剪刀尖在正方形硬纸板的中央扎一个洞。用胶带把这块挡板固定在手电筒的前面。

3 把昏暗房间里的灯关掉,然后打开手电筒,把它顶在沙拉盆的一边。

4 观察从沙拉盆另一侧透过来的光。

1 往沙拉盆中的水里倒几滴牛奶,然后搅拌均匀,让液体变成浅浅的白色。

光是什么颜色的?

5 从高处俯视沙拉盆里的液体。

液体还是白色的吗?

3.什么原理?

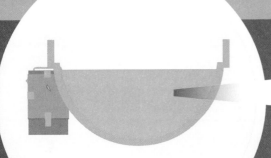

手电筒射出的白色光，就像太阳射出的光，包含了彩虹里的所有颜色。当这些颜色的光碰到微小的牛奶颗粒时，一些颜色的光继续前进，另一些颜色的光则偏离了原来的传播方向，即发生了散射。紫色、蓝色以及绿色的光更容易发生散射，所以，我们在俯视液体时能够看到这些颜色（尤其是蓝色）。黄色、橙色和红色的光则更容易穿过牛奶滴。

这就是为什么手电筒的光在穿过沙拉盆后变成了橙红色。

一开始，手电筒的光是黄白色的，而在穿过沙拉盆后变成了橘红色！如果我们从高处俯视沙拉盆里的液体，会看到蓝色的光。

4.有什么用?

太阳光包含了彩虹所有的颜色。在穿过大气时，不同颜色的光发生散射的程度不同。蓝色和紫色的光线散射得最多，也就是说，朝着各个方向射出得最多。

我们看到的天空之所以是蓝色而不是紫色的，是因为太阳光里的紫色光很少。在早晨和夜晚，天空会呈现出橙色，靠近太阳的地方则呈现出红色，是因为此时光线需要穿过的大气比白天时要厚。这层厚厚的大气散射掉的紫色、蓝色和绿色光线太多，剩下的太少，以至于我们都看不到了。而橙色、红色的光穿透能力更强，所以，太阳和它周围的天空就显现出了橙色，就像实验中透过奶白色液体的手电筒光一样。

08 顽皮的瓶子

如果算一算，我们每个人的头上顶着将近100千克的空气呢！
但为什么我们没有觉得要被压垮了呢？

1.需要什么？

一个装满水的
带盖塑料瓶

一根大头针

2.做什么？

这个实验两人来做会更有趣。

1 把塑料瓶盖紧，然后用大头针在瓶身靠下的位置扎一个小洞。

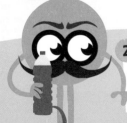

2 耐心等待，直至从小洞里不再流出水。

3 请你的朋友看看小洞是不是被堵住了，与此同时，把瓶盖拧下来。

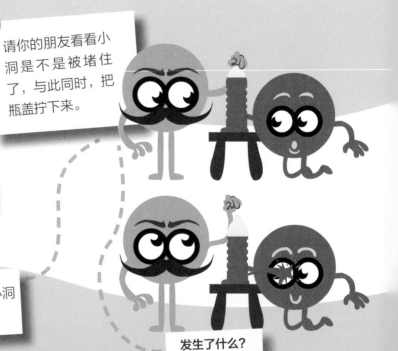

发生了什么？

3.什么原理?

真出人意料:你的朋友被水喷了一脸!

在实验中,水不再向外流,是因为瓶外的空气通过小洞对瓶内的水施加了压力。实际上,实验开始后,瓶子里的空气随着水的流出获得了越来越大的空间,因此瓶内空气对水面施加的向下的压力也越来越小。当瓶中剩余的水的重力和瓶中空气向下的压力等同于外面空气对水的压力时,水就不再流出了。

拧开瓶盖后,水面上方的空气压力与小洞洞口处的空气压力相等,洞口上方的水在重力的推动下,重新开始从小洞向外流淌。

4.有什么用?

空气对各个方向都有压力,也就是说,大气向下面和向侧面"挤压"物体的方式是一样的。通常情况下,我们感觉不到大气压(这是因为人体内的气压与外界气压相同)。但是,在高海拔地区进行攀爬时,我们耳朵里对气压变化异常敏感的鼓膜就会感觉到大气压的这种变化。

09 吸气让它鼓起来

一个膨胀到最大程度的氦气气球，可以在空气中飘浮起来。

如果这个气球在大气中一直上升到距地面30千米的高度，会发生什么呢？

1.需要什么？

一个小气球

一个不带盖的小塑料瓶

一个瓶口较大的玻璃果汁瓶（要能把塑料瓶放进去）

一面镜子

2.做什么？

1 撑开气球嘴，把气球套在塑料瓶的瓶口，瓶口的橡胶薄膜要绷紧。

2 把封住口的塑料瓶放进果汁瓶里，你站在镜子的前面。

3 把你的嘴对准果汁瓶的瓶口，一边看着镜子一边吸气，然后吹气。

气球的橡胶薄膜发生了什么变化？

3.什么原理？

在吸气时，橡胶薄膜鼓了起来；相反，在吹气时，橡胶薄膜陷进了塑料瓶。

在吸气时，我们抽出了果汁瓶里的部分空气，这就给塑料瓶里的空气腾出了空间，这部分空气发生膨胀，占据了更多的空间，于是让橡胶薄膜鼓了起来。相反，在呼气时，我们往果汁瓶里加入了空气，这部分空气会推挤橡胶薄膜。在这股力的作用下，塑料瓶里的空气收缩，占据的空间减少，于是橡胶薄膜就陷了下去。

4.有什么用？

海拔越高，空气就越稀薄。因此，一团热空气在上升过程中，受到周围空气的压力就会越来越小，于是这团热空气就会发生膨胀，占据更多的空间。正是出于这个原因，气象工作者从来不会让他们的高空气球完全鼓起。

这些高空气球可以一直上升到距地面30千米的高度。在那里，气球周围的气压减弱了很多，气球里的气体发生膨胀，于是气球就完全鼓起了。如果这些气球在出发时就完全鼓起，那么在升空之后就会爆炸。

10 瓶子里的天气预报

电视、广播和报纸上的天气预报，会提到反气旋和低气压。可它们是什么意思呢？

1.需要什么？

一个塑料瓶

一把圆规

2.做什么？

1 用圆规尖在瓶子的下部扎一个小洞。

2 用你的手指堵住小洞，然后对着瓶口往瓶子里吹气。停止吹气，嘴巴依然堵在瓶口上，然后把手指从小洞上拿开。

你的手指有什么感觉？

3 接下来，再次用手指堵住小洞，从瓶口往外吸气。停止吸气，嘴巴依然堵在瓶口上，然后把手指拿开。

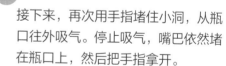

发生了什么？

第一次，你会感觉有"风"从瓶子里吹向手指。在吹气的过程中，我们向瓶里加入了空气，瓶里的气体压强随之增加，变得比瓶子周围的大气压大。因为瓶里的气体压强比瓶外的大，所以在我们拿开手指时，"风"就从小洞里吹了出来。

3.什么原理?

第二次，你会感觉一股"气流"进入了瓶子里。在吸气的过程中，我们抽出了瓶里的部分空气，瓶里的气体压强变得比瓶外的小，于是在我们拿开手指时，空气就进入了瓶子里。第一次，我们在瓶里制造了一个反气旋；第二次，我们在瓶里制造了一个低气压。

4.有什么用?

持续的糟糕天气（好几天），通常是由低气压造成的。低气压，是该地带大气中气压较邻近地区低的现象，这要么是因为这一地带较热，要么是因为这一地带的空气在移动。所以，低气压就会把周围的空气吸进去。如果此时空气中含有水分，就会带来云和雨。反气旋则相反，是该地带大气中气压较邻近地区高的现象。于是，空气就会向外逃逸，因为压力会推动空气向外移动。于是反气旋外围的云就无法进入气旋中心了。

第二章

空气就是生命

我们都知道，人需要呼吸空气才能存活。可是，空气对我们究竟有什么用处？为什么有了它才能活命呢？

成长、奔跑、思考……我们的身体需要能量和原料（营养物质）。身体通过转化一部分来自食物的营养物质生产出这些能量，并用这些能量来实现我们要求它承担的功能。

空气，正是在这个生产人体器官所需能量的转化过程中发挥了作用。实际上，这个转化过程是一系列的化学反应，需要有空气中包含的一种气体——氧气才能完成。

空气中的氧气，通过呼吸进入我们的体内，再由血液循环输送到全身的各个部位；细胞（就像一些小砖块，构成了我们的器官、肌肉、骨骼……）借助氧气制造能量，以便完成不同的任务。

没有氧气，这些细胞在几分钟之内就会死亡。

因此，空气带给了我们用来制造能量的氧气。

细胞内部的一系列化学反应，既产生能量，也产生废物（二氧化碳），细胞必须把这些废物排除出去，否则就会中毒。二氧化碳通过血液排出体外——血液把二氧化碳带到肺部，再通过呼气被带到体外。

所以，吸入的氧气给我们体内的细胞提供反应原料，令细胞制造出能量，在这过程中产生的二氧化碳再通过呼气排出体外。

我们的呼吸器官是什么样子的？它是怎么运转的？我们呼吸了多少空气？鱼在水里是怎么呼吸的？本章中的实验可以让你认识呼吸的方方面面，以便更好地了解空气在生命中扮演的角色。

01 观察自己的呼吸

健身教练和医生会对我们说："深吸一口气……呼气。"
我们在照做的时候，身体会出现什么反应？

1.需要什么？

一面镜子

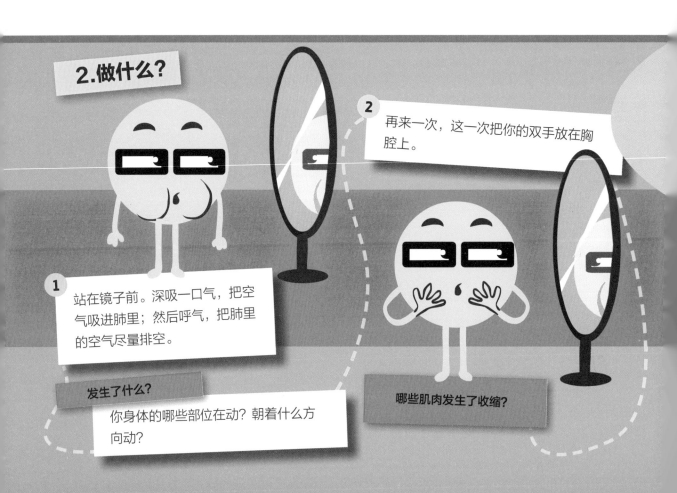

2.做什么？

1 站在镜子前。深吸一口气，把空气吸进肺里；然后呼气，把肺里的空气尽量排空。

发生了什么？

你身体的哪些部位在动？朝着什么方向动？

2 再来一次，这一次把你的双手放在胸腔上。

哪些肌肉发生了收缩？

3.什么原理?

肺,位于心脏的两侧,其周围的肋骨形成了一个具有保护作用的"笼子":**胸腔。**

在缓缓吸气的时候,肋间肌(肋骨之间的肌肉)令胸腔微微抬起。这样一来,肺里的空间增大,里面充满了空气。

在呼气的时候,肋骨回复到原来的位置,胸腔的容积减少,令肺把空气排出。同样,一种把肺和消化系统隔开的膜状肌肉——膈,也会收缩和松弛。

4.有什么用?

新生儿每分钟大约呼吸40次,成年人每分钟大约呼吸14次。一些对灰尘、猫毛和狗毛、花粉或其他某些特定物质异常敏感的人,在发生过敏时可能会难以吸进和呼出空气。

这些人的支气管和细支气管在与过敏物质发生接触时会变窄,从而阻挡空气的通过,于是出现呼吸困难症状。

02 鲜为人知的肌肉

肋间肌无法把胸腔撑大到足以让空气胀满肺部的程度。
是否有另一种深藏不露的肌肉会助它一臂之力呢？

1.需要什么?

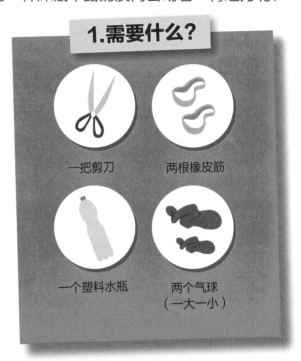

一把剪刀　　　　两根橡皮筋

一个塑料水瓶　　两个气球
（一大一小）

2.做什么?

1 把塑料水瓶的瓶底剪下来。把大气球拦腰剪成大小两截，把大的那一截套在瓶底上，用橡皮筋箍住，并使气球在瓶底绷紧。

2 把小气球从瓶口放进瓶里，用另一根橡皮筋把气球嘴箍在瓶口上。

3 揪住瓶底的气球往下拽。

小气球发生了什么变化?

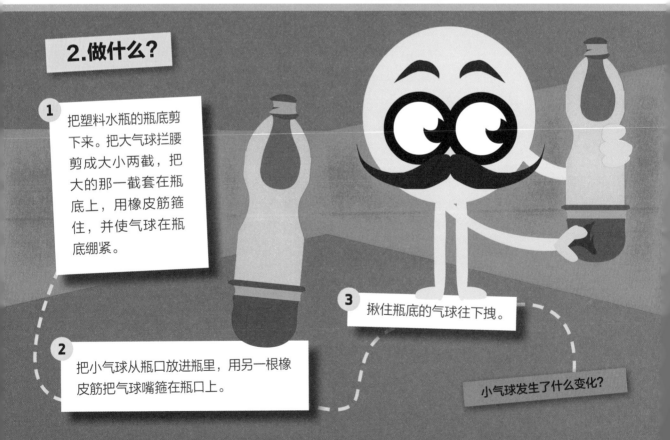

3.什么原理?

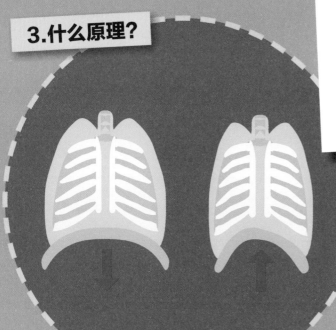

当我们揪住瓶底的气球往下拽的时候,小气球鼓了起来。而当我们把橡胶薄膜往回推的时候,小气球瘪了下去。往下拽橡胶薄膜,瓶子里的空间就增加了,瓶内的气压变小,于是外面的空气进到瓶中,这部分空气被小气球包住,于是小气球就鼓了起来。

这就是我们在呼吸时发生的事情:塑料水瓶代表坚硬的胸腔,小气球代表肺,气球开口代表嘴,橡胶薄膜则代表膈。膈是人体内隔开了胸腔与腹腔的膜状肌肉。

4.有什么用?

在吸气时,膈收缩,并变得偏平,而肋间肌则将胸腔抬起。胸腔的容积因此而增大,肺里就能够充满空气,就像实验中的小气球。在呼气时,膈和肋间肌则松弛下来。

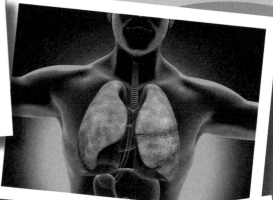

胸腔的容积减小时,肺里的空气就通过鼻子或嘴排出体外。当膈收缩得比往常猛烈时,我们就会打嗝儿,小口小口地吸进空气,通过关闭的声门裂,发出"嗝"的声音。没人知道是什么引起了打嗝儿。

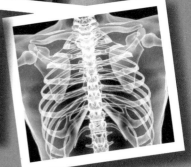

03 充满你的肺

我们的肺里装了多少空气?
我们是否每一次呼吸都需要很多的空气?

1.需要什么?

一个量杯　　　　一根吸管　　　　一支圆珠笔

一个塑料水瓶　　　一个装满水　　　一根长50厘
（容量为2~3升）　　的水槽　　　　米的塑料管

2.做什么?

1 往塑料瓶里装满水。把塑料瓶倒立着浸到装满水的水槽里，调整浸入深度，使塑料瓶保持满水状态。

2 把塑料管的一头塞进水瓶里。把吸管卡在塑料管的另一头，吸管要露出水面。

3 深深吸一口气，让你的肺里充满空气，然后对着吸管吹气，把吸进肺里的空气尽可能多地排出来。

4 将塑料瓶取出，用圆珠笔标注瓶里的水位。用量杯测量塑料瓶里剩下的水量。这样，你就能知道塑料瓶里少了的那部分水量了，你也就知道了取而代之的空气的量了。

3.什么原理?

量杯可以测量出你呼到瓶子里的空气的量，进而测量出一部分你之前吸进的空气的量。

这个实验无法精确地测量出肺里可以容纳的空气量，因为往水里呼气要比往空气中呼气更困难。

4.有什么用?

我们吸入的空气与呼出的空气大致相等。在正常情况下，一个成年人每分钟呼吸14次，吸入的空气约为7升。在用力的情况下，通过深吸气和快速吸气（每分钟可达60次），每分钟吸入的空气量可以达到100升。

04 心脏和肺的竞赛

我们在用力时，身体会做出什么样的反应？

1.需要什么？

一块能够以秒
计时的手表

2.做什么？

2 依然是在休息的状态，把手放在鼻子下面，数数自己一分钟的呼吸次数。

3 在快速跑动20秒钟之后，重新数数自己的心跳和呼吸次数。

1 选择一个你处于休息状态的时刻。把食指搭在手腕或脖颈上，数数自己一分钟的心跳次数。

你发现有什么不同吗？

3.什么原理?

心脏的作用，是把血液输送到全身。血液把氧气和糖分输送给肌肉，糖分在氧气的帮助下燃烧产生能量。在用力时，肌肉运转得更多和更快，因此需要更多的氧气和糖分。于是，心脏就会跳得更快，以便输送更多的血液。

两次的心跳次数可以相差一倍！与之相对的是，呼吸的次数并没有多大变化，但我们每次呼吸时吸入与呼出的空气量增加了。

由于需氧量增加了，肺里就需要充满更多的空气，才能把更多的氧气输送给血液。所以，胸腔就会张得更大，好让空气大量进入，我们的呼吸程度就会加深。

4.有什么用?

运动员在锻炼肌肉时，同时也锻炼了心脏（也是一块肌肉），好让心脏每次能更多更快地输送血液，从而减少跳动的次数。

运动员还会练习有节奏的呼吸，目的是避免膈和胸腔的肌肉过于劳累。我们往往意识不到，呼吸会自行适应用力的程度。如果我们屏住呼吸，血液里的氧气含量就会降低，二氧化碳的含量就会升高。

05 禁止入内！

同空气进入人体类似，食物会通过嘴，然后是喉咙，进入体内。

那么，是什么让食物不会进到肺里呢？

1.需要什么？

一杯水　　　两根吸管

2.做什么？

这样容易喝吗？

1 一手拿一根吸管，把其中一根吸管的一端浸入水杯里。

2 用嘴含住两根吸管，手放在喉咙的位置，缓缓地吸气。

3 用手指堵住杯子外面那根吸管的一头，继续吸气。

你的舌根部位有什么感觉？

3.什么原理?

第一次吸气时,如果你吸气的时候用力很小,那么进到嘴里的就只有空气。当你堵住杯子外面的吸管一头再吸气时,水会从另一根吸管进入你的嘴中,舌头向后缩,你的手会感觉喉咙里有个东西升了上来。

空气比水更容易被吸起来,因为空气比水轻。当舌头把水向后推时,水就流入喉咙里。这个时候,喉头会上升,你的手感觉到的那个东西就是喉头。在舌头的推动下,一小块软骨下降,并把咽头(咽喉)重新堵住,阻止水进入气管和肺里。

4.有什么用?

成年人类,是唯一无法同时喝水和呼吸的一类哺乳动物。其他哺乳动物的喉头在颈部的开口位置较高,位于鼻子下方,这就让它们避开了把水吸到肺里的风险。人类的婴儿也是一样,他们的喉头位置较高,所以婴儿能够一边呼吸一边吃奶。到了1岁半到2岁的时候,他们的喉头就会下降到颈部,此后就不能同时喝水和呼吸了。

06 鱼是怎么呼吸的？

1.需要什么？

一条鱼缸里的鱼

2.做什么？

仔细观察这条鱼。

除了鱼鳍之外，你还看到鱼身上的其他部分在动吗？

3.什么原理？

鱼跟人一样，会做出配合呼吸的运动：鱼嘴会有规律地一张一合。

如果观察得够仔细，你会看到，在鱼嘴合上的时候，鳃盖（对鱼的鳃裂和水生动物的呼吸器官起到保护作用）会掀开；而在鱼嘴张开的时候，鳃盖就会合上。

4.有什么用？

如果我们把鱼从水里拿出来，它很快就会死掉。实际上，鱼只能呼吸溶解在水中的氧气：鱼在水和血液之间完成气体的交换。

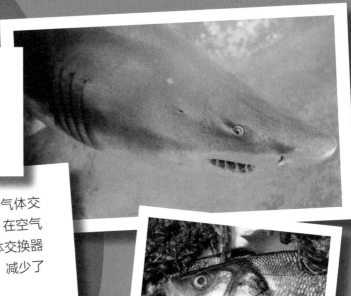

鳃是某些动物在水和血液之间进行气体交换的器官。鳃（在水中呼吸）和肺（在空气中呼吸）的作用是一样的，都是气体交换器官，这些器官增加了血液中的氧气，减少了二氧化碳。

07 呼吸

很多陆生动物都有肺。

动物的活动量越大，肺需要提供的氧气量就越多。

怎样才能让肺的工作变得更有效呢？

1.需要什么？

一张A4纸

一卷胶带

一张大大的报纸

2.做什么？

1 将A4纸对折，然后用胶带把边长较短的两边粘起来，做成一个纸袋。

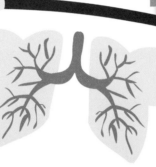

2 以同样的方式将报纸对折，并把边长较短的两边粘起来，做成一个大纸袋。

3 把报纸做的纸袋揉成一个大纸团，放进A4纸做的小纸袋里。

两个纸袋的体积是否一样？

它们的表面积是否一样？

3.什么原理?

揉成团的报纸纸袋的体积跟A4纸做的小纸袋差不多，因为它能被装进小纸袋里。

但是，报纸纸袋在展开之后，其表面积就比A4纸纸袋的要大得多了。肺就像一个收拢的纸袋，血液和空气在这个纸袋的表面进行交换。可用于交换的面积越大，血液从空气中吸收的氧气就越多。

4.有什么用?

两栖动物（青蛙、蝾螈等）的肺，是由一个简单的"袋子"构成的，这个"袋子"的表面积不大。而爬行动物（蜥蜴、蛇等）的肺，上面的小褶皱增加了肺的表面积。

但是，褶皱最多的肺是哺乳动物的肺。哺乳动物的肺尤其复杂，可以让血液和空气的交换变得异常有效。相对来说，在动物进化过程中，出现得越晚的动物，肺的表面积就越大。

08 发酵：另一种呼吸

1.需要什么？

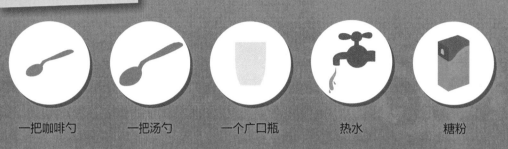

一把咖啡勺　　　一把汤勺　　　一个广口瓶　　　热水　　　糖粉

一个沙拉盆　　　一个小空瓶　　　一个气球　　　食用酵母粉　　　一根蜡烛　　　火柴
　　　　　　　　（干净，带瓶塞）　　　　　　　（与化学酵母粉不同）

2.做什么？　　　这个实验需要在成年人的陪同下完成。

1 在广口瓶中混合两咖啡勺的酵母粉和两汤勺的热水，然后再加入一汤勺的糖粉。

2 把混合液体倒进一个空瓶中，然后把瓶子放到装满热水的沙拉盆里。

3 3分钟之后，把气球套在瓶嘴上。等待30分钟。

发生了什么？

4 人站在离瓶子尽量远的位置上，把气球里的气体挤到瓶子里。

5 取下气球，用瓶塞把瓶子塞住。

6 接着，慢慢地把瓶子倒过来，然后在蜡烛的火苗上方把瓶塞拔掉（请成年人帮你点燃蜡烛）。

发生了什么？

3.什么原理?

在实验开始时，混合液体中产生了气体，这股气体让气球鼓了起来。在实验的最后，当这股气体从瓶中出来时熄灭了蜡烛，所以它不是氧气。

酵母是一种活性微生物，通过摄取糖分来获得能量。酵母在摄取糖分时发生的反应，制造出了二氧化碳（让蜡烛熄灭）和酒精，也就是乙醇。

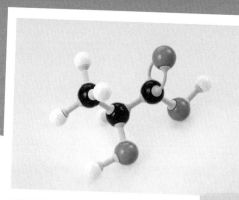

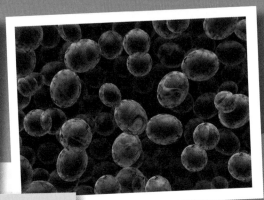

4.有什么用?

在生物体内，呼吸导致的化学反应能够制造出生命所需的能量以及废物。酵母就像其他很多微生物一样，可以不需要氧气进行呼吸，在获得氧气不足的情况下，可以利用体内其他的化学反应来制造能量。这有点类似于当运动员在运动过程中没能获得足够的氧气时，他们体内的细胞就会利用一种类似于酵母发酵的化学反应来获得能量。这种化学反应不会产生酒精，而是产生一种叫作乳酸的物质。

09 你流汗了吗？

只要户外的温度低于37℃，我们的身体就比周围的空气热。

由于身体不断地产生热量，一部分热量就会通过皮肤散发出去。

身体排出去的热量变成了什么样子呢？

1.需要什么？

一把刻度尺	一支削尖的铅笔	橡皮泥
纸	一把剪刀	

2.做什么？

这个实验需要在一个清凉无风的房间里完成。

1 用纸剪一个边长为5厘米的正方形，然后按照图中所示，把正方形折起来。把正方形展开之后，它就变得像个小帐篷一样。

2 把"小帐篷"放在铅笔尖上，铅笔插在橡皮泥里。

3 "小帐篷"不会动？把你一只手的手掌靠向纸的折痕，然后等待几秒钟。

纸发生了什么变化？

3.什么原理?

纸开始动了!

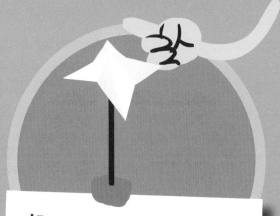

如果纸还是不动,可以把另一只手的手掌也靠过去。纸甚至会绕着铅笔尖旋转起来……把双手靠近脸颊,你会感到有一股热流扑面而来。身体释放出来的热量,会让周围的空气变热。被你手掌加热的空气上升,推动了纸,于是纸就动了起来。

如果热空气不足以把整张纸抬起来,那么纸的边缘就会移动。如果还有热空气推动了纸的另一部分,纸就会再次移动,以此类推……结果,纸就绕着铅笔尖转动了起来。

4.有什么用?

幸好,热空气在遇到冷空气时会发生移动!运转中(活着)的身体会产生热量,这些热量中的一部分通过皮肤不断地散发出去,加热了周围的空气。如果这部分空气留在我们周围不散开,那么我们周围的空气就会变得越来越热,让人感觉就像裹着一件防水衣跑步一样。

10 没有空气，没有话音

说话时为什么会有声音？

1.做什么？

2 手保持在喉咙的位置上，说"啊——"。

1 把一只手放在你的喉咙上。张开嘴呼气，不要发出声音。

你注意到了什么？

2.什么原理？

你的手感觉到了喉咙的振动。相反，如果呼气时没有发出声音，喉咙就不会振动。我们在说话时，声带会强烈地振动。

话音，是一种气流振动声带产生的声音，气流让声带像吉他的琴弦那样振动起来。接着，与声带接触的空气把声带振动产生的声波传到了我们旁边人的耳朵里。

空气经由咽头（喉咙）进入肺，然后再从肺到嘴。声带位于喉内，喉头通过气管及支气管与左右两肺连通。

3.有什么用？

声音是由气流振动声带产生的。想要形成具有辨识度的词句，声音就必须转调、连接或分开。因此，除声带之外，作用于颌的肌肉就需要把声音转变为话音，比如舌头、脸颊、软腭。牙齿在吐字过程中也扮演了重要的角色。

第三章

空气与风

地球，我们居住的星球，这里发生的各种天气现象陪伴着我们的日常生活：天晴了，下雨了，刮风了，暴风雨来了……在一些国家，飓风接踵而来，造成了巨大的危害，而在另一些国家刮起的则是季风……

人们在很长一段时间内都认为，这些天气波动是由某些神灵或神话人物的情绪波动造成的。在古代，人们创造出这些神灵和神话人物，就是为了解释这些令人无法理解的现象。

出于这个原因，除了掌管风和暴风雨的神——埃俄罗斯（Éole），古希腊人还创造出了另外四个代表风的人物：

- 波雷阿斯（Borée），北风神；
- 欧洛斯（Euros），东风神；
- 诺托斯（Notos），南风神；
- 仄费洛斯（Zéphir），西风神。

当科学家们发现并了解到空气的特性，以及散布在地球周围数十千米范围内的空气层（大气）的构成时，人们终于可以了解并解释天气的动态和变化了。

实际上，天气现象发生在大气层里（主要发生在距离地球表面20千米以内）。地面受热后，以不均衡的方式（赤道位置的大气接受的热量要比两极位置的大气多）把从太阳那里吸收的热能传导给这层大气；此外，大气层还受到地球自转的牵引，并与海洋和地形起伏相互作用……

这些不同的影响和相互作用，引发了我们所知的天气事件。如今，我们再也不需要借助神话中喜怒无常的神灵，来解释这些天气事件了！在本章中，我们将带着你去发现这些天气现象，并了解它们的成因：风从哪里来？什么是气流？大气是如何跟随地球运动的？什么是海风？

01 让开点儿，我要加热了！

夏天，车胎有时候会发生爆炸。为什么？

1.需要什么？

一个小玻璃瓶

一枚硬币
（直径要与瓶口一样）

一个托盘
（盛满肥皂水）

2.做什么？

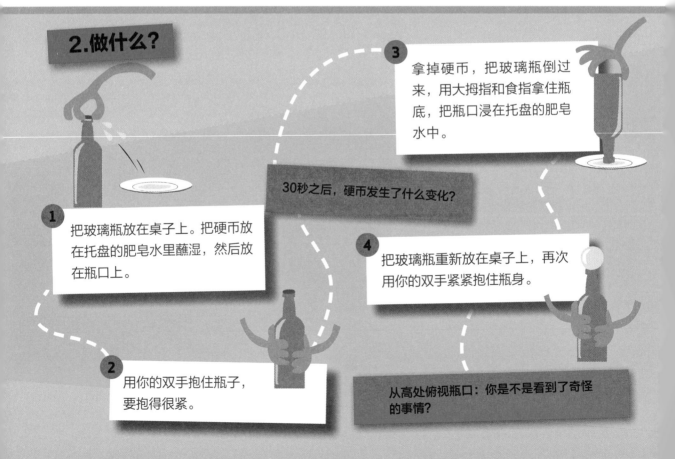

1 把玻璃瓶放在桌子上。把硬币放在托盘的肥皂水里蘸湿，然后放在瓶口上。

2 用你的双手抱住瓶子，要抱得很紧。

3 拿掉硬币，把玻璃瓶倒过来，用大拇指和食指拿住瓶底，把瓶口浸在托盘的肥皂水中。

30秒之后，硬币发生了什么变化？

4 把玻璃瓶重新放在桌子上，再次用你的双手紧紧抱住瓶身。

从高处俯视瓶口：你是不是看到了奇怪的事情？

3.什么原理？

第一次，硬币从瓶口上跳了起来。
第二次，瓶口上鼓起了一个肥皂泡！

于是，膨胀的空气就把硬币顶了起来，或是让粘在瓶口上的混合液体鼓成了一个肥皂泡。

手上的热量让玻璃瓶变热了，瓶中的空气也变热了。空气在受热时，会占据更多的空间，我们会说空气"膨胀"了。瓶中的空气膨胀时唯一可以去的地方，就是玻璃瓶的开口处。

4.有什么用？

空气冷却下来时，占据的空间会变小，我们会说空气"收缩"了。在实验的第二个部分，空气通过膨胀占据了更多的空间（玻璃瓶+肥皂泡），但瓶中的空气量并没有增加。实际上，在整个实验过程中，瓶中的空气量都没有发生变化，只是体积（占据的空间）增大了。

冷空气的密度比热空气的密度大，所以玻璃瓶能装下的冷空气要比热空气多。在热浪滚滚的季节，汽车轮胎会发生膨胀，是因为车胎里的空气受热发生了膨胀。这就是为什么天气热的时候可能会发生爆胎。

02 空气电梯

大型鸟类和滑翔机驾驶员会利用气流升上高空。
这些上升的气流是从哪里来的？

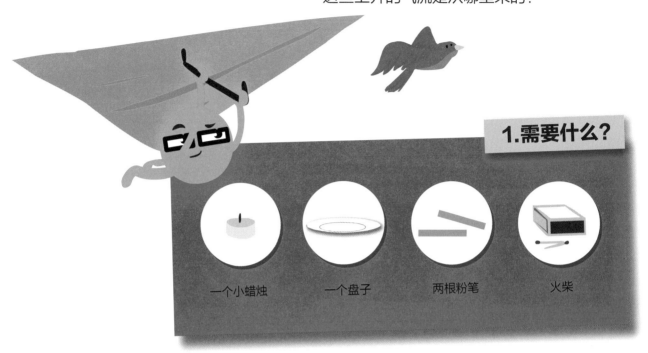

1.需要什么？

| 一个小蜡烛 | 一个盘子 | 两根粉笔 | 火柴 |

这个实验需要在成年人的陪同下完成。

2.做什么？

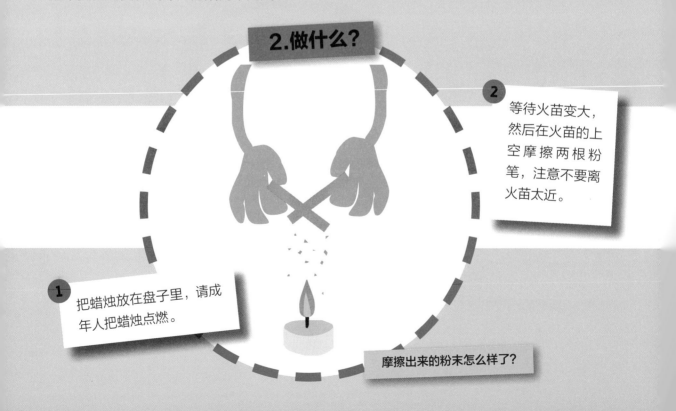

2 等待火苗变大，然后在火苗的上空摩擦两根粉笔，注意不要离火苗太近。

1 把蜡烛放在盘子里，请成年人把蜡烛点燃。

摩擦出来的粉末怎么样了？

3.什么原理？

细细的粉笔末在蜡烛的上方升了起来。

蜡烛的火苗加热了周围的空气。受热的空气发生膨胀，占据了更多的空间，这部分空气的密度要比周围较冷空气的密度更小。"密度更小"的意思是，同等体积的热空气要比同等体积的冷空气轻。

于是，较热的空气带着粉笔末升到了较冷空气的上方，粉笔末搭乘了这部天然电梯！

4.有什么用？

当一团在地面受热上升的空气遇到一团较冷的空气时，热空气的上升就会导致空气的移动，于是形成了风，我们也可以说，是冷空气团把热空气团向上推。灰鹤是一种候鸟，在迁徙的旅途中几乎不扇动翅膀。实际上，灰鹤会借助热空气升上高空。然后，灰鹤通过滑翔下降到另一个热空气气团上。滑翔机驾驶员对上升的热空气气流也很了解，他们也是借助这种气流升上高空的。

03 冰箱，一台造风机？

风，有冷的，有热的。
风，可以从四面八方吹来。
但是，是怎样的"吹拂"促成了风的诞生呢？

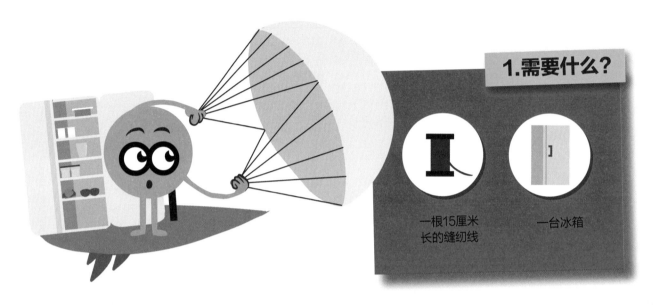

1.需要什么？

一根15厘米
长的缝纫线

一台冰箱

2.做什么？

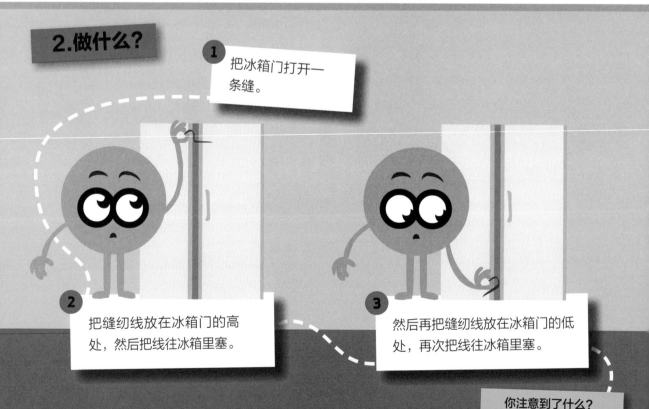

1 把冰箱门打开一条缝。

2 把缝纫线放在冰箱门的高处，然后把线往冰箱里塞。

3 然后再把缝纫线放在冰箱门的低处，再次把线往冰箱里塞。

你注意到了什么？

3.什么原理？

在冰箱门的高处，缝纫线被吸了进去；在冰箱门的低处，缝纫线被推了出来。

冰箱里冷空气的密度比房间里较热空气的密度大。当两股空气相遇时，密度较小的空气，也就是房间里的空气，会从密度较大的空气上方通过，首先是横向，然后是纵向。也就是说，房间里的热空气从冰箱门的高处进入冰箱，而冰箱里的冷空气则从冰箱门的低处钻了出来。**你瞧，冰箱就是这样"造风"的。**

4.有什么用？

太阳光会加热它遇到的一切物体。当地面被太阳光加热时，它又会加热地面上的空气。受热的空气会上升，于是较冷的空气团会移动补充到热空气原来的位置，**这就是被我们称为"风"的气流。**

04 转不成圆!

北风、东风、西风……风从四面八方而来。
我们会觉得风是沿直线运动的。真是这样的吗?

1.需要什么?

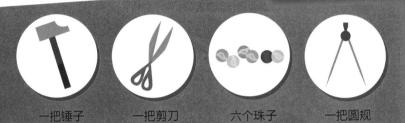

一把锤子　　　一把剪刀　　　六个珠子　　　一把圆规

一个果酱瓶盖　　　一个装有水的　　　一根4厘米长　　　一张大大的白纸　　　一张33转黑胶老唱片
　　　　　　　　平底大口杯　　　　的平头钉　　　　（或者两张粘在　　　（或者一个半径为10
　　　　　　　（水中混合有巧克力粉）　　　　　　　　一起的白纸）　　　厘米的圆形硬纸板）

2.做什么?

这个实验需要在成年人的陪同下完成,
而且需要在容易清洁的桌面上进行。

3 把33转黑胶唱片放在珠子上方,钉子穿过唱片中间的圆孔。把纸圆盘穿在33转黑胶唱片的上面。

1 用圆规在纸上画一个33转黑胶唱片大小的圆,然后用剪刀把这个圆剪下来。

4 用指尖捏住钉子,然后飞快地旋转这个圆盘装置,注意不要让钉子在桌面上滑动。

2 请成年人把钉子钉在果酱瓶盖的中间。把果酱瓶盖翻过来,然后把五个珠子放在钉子四周,把剩下的那个珠子放在桌面上。

5 把剩下的那个珠子浸入平底大口杯里的巧克力浆中;然后把珠子拿出来,从纸圆盘的边缘把它推向圆盘的中心。令圆盘装置停止转动,观察结果。

珠子画出的痕迹是一条直线,还是一个圆环?

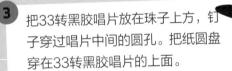

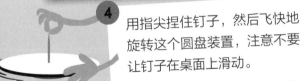

3.什么原理?

**珠子的轨迹既不是一条直线,
也不是一个圆环!**

珠子在出发时进行的是直线运动。当它与纸圆盘发生接触时,发生了另一种运动,令它改变了运动方向。两种运动的结合令珠子的轨迹发生了偏移,因此,它的轨迹既不是直线,也不是圆环,而是一条弧线。

4.有什么用?

风在我们的头顶吹拂,它的运动就像实验中的珠子。风貌似在做直线运动,实际上却在不停地发生偏移,因为风受到了地球自转的影响。

05 旋转的偏移

大气追随地球的运动，地球则进行自转。
那么，风是如何在地球这个"旋转木马"上移动的呢？

1.需要什么？

一把锤子　　　　一把剪刀　　　　六个珠子　　　　一把圆规

一个果酱瓶盖　　　一个装有水的　　一根四厘米长　　一张大大的白纸　　一张33转黑胶老唱片
　　　　　　　　　平底大口杯　　　的平头钉　　　　（或者两张粘在　　（或者一个半径为10
　　　　　　　　（水中混合有巧克　　　　　　　　　一起的白纸）　　　厘米的圆形硬纸板）
　　　　　　　　　力粉）

2.做什么？

这个实验需要在成年人的陪同下完成，
而且需要在容易清洁的桌面上进行。

1　用圆规在纸上画一个33转黑胶唱片大小的圆，然后用剪刀把这个圆剪下来。

2　请成年人把钉子钉在果酱瓶盖的中间。把果酱瓶盖翻过来，然后把五个珠子放在钉子的四周，把剩下的那个珠子放在桌面上。

3　把33转黑胶唱片放在珠子上方，钉子穿过唱片中间的圆孔。把纸圆盘穿在33转黑胶唱片的上面。

4　用指尖捏住钉子，然后飞快地旋转这个圆盘装置，注意不要让钉子在桌面上滑动。

5　把剩下的那个珠子浸入平底大口杯里的巧克力浆中；然后把珠子拿出来，从纸圆盘的边缘把它推向圆盘的中心。

6　先令圆盘装置停止转动，然后再朝反方向转动圆盘装置，期间再次以同样的方式将粘有巧克力浆的珠子推向圆盘中心。

珠子在两次转动时画出的轨迹一样吗？

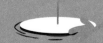

3.什么原理?

珠子画出了两条方向相反的弧线。这是因为,珠子出发时进行的是直线运动,但在圆盘的作用下,它的运动方向发生了改变,当圆盘做顺时针旋转时,弧线会向左偏移。

当圆盘做逆时针旋转时,弧线会向右偏移。也就是说,如果我们在圆盘旋转时推动珠子从中心向边缘移动,它画出的弧线就会向圆盘自转的方向偏移。

4.有什么用?

就像实验中的珠子一样,在大气中移动的风,从赤道向两极移动或从两极向赤道移动时,也会因地球的转动而发生偏移。如果我们在转动一个地球仪时,先后观察两极部位的运动,我们会发现,南半球部位做顺时针转动,而北半球部位则做逆时针转动。因此,从一个半球到另一个半球,风的偏移方向是不同的。我们把风的这种转动(偏移)力称为"科氏力",是以1835年首次对这种力做出描述的法国科学家古斯塔夫·科里奥利(Gustave Gaspard de Coriolis)的名字命名的。

06 热量交换

风在海面上吹拂，制造出了波浪。
风对海水只有这一种作用吗？

1.需要什么？

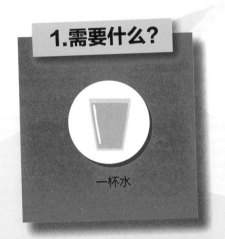

一杯水

2.做什么？

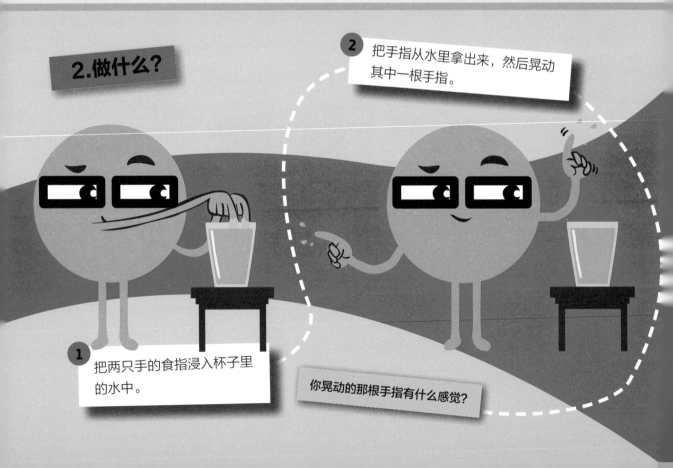

1 把两只手的食指浸入杯子里的水中。

2 把手指从水里拿出来，然后晃动其中一根手指。

你晃动的那根手指有什么感觉？

3.什么原理?

把手指从水里拿出来后，停留在皮肤上的液态水会蒸发。

晃动的手指会忽然感觉比静止的手指要冷，干得也更快。

通过晃动手指，我们加快了手指上水的蒸发速度。液态水需要热量才能变成水蒸气，这些热量可以从空气中获得，也可以从手指上获得，所以，沾了水的手指会感觉到冷。我们从浴缸里出来时，就

会有这种感觉，在海里或湖里游完泳擦拭身体时，也会有这种感觉。当周围的空气发生移动时，这种热量的交换会变得更加强烈。

4.有什么用?

当海水和风相遇，制造出来的不仅仅是海浪。水，不一定非要有阳光才能蒸发。一片狂风大作的海域，即便温度较低，海水也会蒸发，将大量水蒸气释放到大气中。

07 热空气上升，冷空气下降

风的成因是什么？

1.需要什么？

一个装满冰块的玻璃杯   一个装有热水的玻璃杯

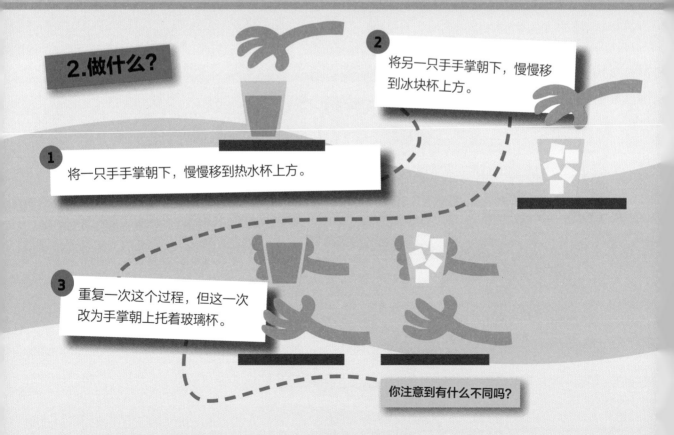

2.做什么？

1 将一只手手掌朝下，慢慢移到热水杯上方。

2 将另一只手手掌朝下，慢慢移到冰块杯上方。

3 重复一次这个过程，但这一次改为手掌朝上托着玻璃杯。

你注意到有什么不同吗？

3.什么原理?

手在杯子的上方，比在杯子的下方受热感更强烈；相反，手在杯子的下方，比在杯子的上方受冷感更强烈。让手受热或受冷的，是杯子四周的空气，这些空气也因杯中的热水和冰块而受热或受冷。冷空气收缩，占据的空间减少，于是密度变得比周围温热空气的密度大，因此冷空气会下降。

而热空气则膨胀，占据更多的空间，其密度变得比周围空气的密度小，因此热空气会上升，"飘浮"在周围冷空气的上方。

4.有什么用?

在某个区域之间，比如大海和陆地、山谷和山峰，空气都会局地受热或局地受冷。

当一团热空气遇到一团冷空气，通常情况下，热空气会上升，冷空气则会下降，并补充到热空气原来的位置，于是形成了水平移动。这就是风的成因。

08 海上空气对阵陆上空气

生活在沿海或沿湖地区的居民，都非常熟悉那些我们称之为"海风"和"陆风"的徐徐清风。

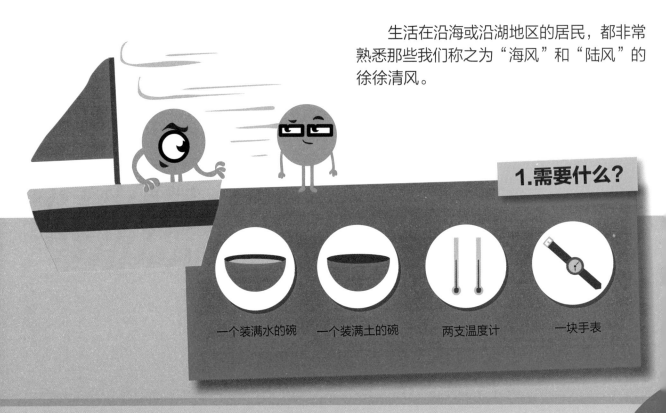

1.需要什么？

一个装满水的碗　　一个装满土的碗　　两支温度计　　一块手表

2.做什么？

这个实验需在晴朗的天气进行。

1 在阴影下，把两支温度计分别放到两个碗里，等待一分钟，然后记录温度计的读数。

2 把两个碗在阳光下静置4个小时，每15分钟记录一次温度计的读数。

3 4个小时之后，把两个碗拿到一个昏暗阴凉的房间里，继续记录温度计的读数。

你注意到了什么？

3.什么原理?

在阳光下，装着土的碗比装着水的碗温度上升得更快；在阴影下，装着土的碗温度下降得也更快。

土传导热的速度比水快，很快就能把来自太阳的热量聚集起来。而水呢，则把相当一部分阳光反射了出去，并让余下的阳光穿了过去。

在阴影中，土以更快的速度失去热量，因为土会发出热辐射，我们把这种热辐射称为"红外线辐射"，肉眼无法看到。水发射出的红外线很少，所以失去热量的速度较慢，因此也冷却得较慢。

4.有什么用?

在晴朗的白天，土地上方的空气受热速度要比宽阔水面上方的空气快，这部分较热空气会发生膨胀并向上升起，下方的位置就会被来自水面上方的较冷空气所占据。

这部分较冷空气的运动形成了一股由水面吹向陆地的风，称为"海风"。到了夜间，土地上方的空气会先冷却下来，直到温度低于水面上方的空气。于是，水面上方的较热空气向上升起，空出的位置就被来自土地上方的较冷空气所占据，于是形成了一股由陆地吹向水面的风，称为"陆风"。

09 障碍赛跑

当风遇到山峦时，会发生什么？

1.需要什么？

两个玻璃杯　　一个大火柴盒　　三条卫生纸　　一支铅笔　　一卷胶带
（1厘米 x 10厘米）

2.做什么？

2 把火柴盒放在距离铅笔15厘米的位置上，使火柴盒正对中间的那条卫生纸，并微微倾斜。你站在距离火柴盒20厘米的位置，然后朝火柴盒的底部用力吹气，同时观察三条卫生纸的变化。

1 用胶带把三条卫生纸分别粘在铅笔的中间和两端，然后把铅笔放在分开摆放的两个玻璃杯上。

3 缓缓地把火柴盒向中间那条卫生纸推近，同时继续朝火柴盒的底部吹气。

你发现三条卫生纸有什么不同的反应吗？

3.什么原理?

由于吹气时的距离不同，三条卫生纸有时被向后推动，有时则相反，好像被吸着向前移动。这是因为你吹出的空气遇到了一个障碍物：火柴盒。为了避开这个障碍物，空气会从火柴盒的左右两边绕行，或是从火柴盒的底部通过，形成了风。风要么从卫生纸条的边上经过，没有碰到纸条，要么碰到了纸条，把它向后推动。

因为火柴盒后面的空气被一丝丝的风拖拽到了火柴盒边缘，于是就在盒子的后面留出了空间。来自卫生纸条后面的空气移动过来，填满了这个空间，于是就把纸条向前推动。

4.有什么用?

山峦有时会形成一道道风无法逾越的屏障，而风中携带的湿气也无法逾越这些屏障。比如，高耸入云的喜马拉雅山脉，在冬季让一部分来自西伯利亚的冬季冷风通过，向印度吹去，在夏季让一部分来自印度洋的西南季风通过，向中国吹去。但是，喜马拉雅山脉也挡住了一部分风以及很多的湿气。这就导致山北地区的夏季降雨较少，冬季天气更加干燥，从而令居住在那里的居民不得不忍受干旱给生活带来的不利影响。

10 有趣的盖子

我们经常会听人谈论温室效应引发的全球变暖。
那么，什么是温室效应呢？

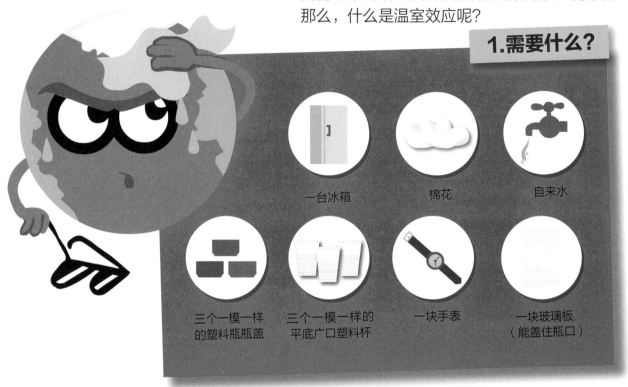

1.需要什么？

一台冰箱

棉花

自来水

三个一模一样
的塑料瓶瓶盖

三个一模一样的
平底广口塑料杯

一块手表

一块玻璃板
（能盖住瓶口）

2.做什么？

1
用瓶盖在冰箱的制冰盒或冷
冻室里制作三个大小一样的
冰块。

2
在每个杯子里放一个冰块，分别
盖上玻璃板、大约一厘米厚的小
片棉花、一大团棉花。

3
把塑料杯放在阳光下，计算每个杯子里冰
块融化的时间。

哪个杯子里的冰块最先融化？

3.什么原理？

盖有玻璃的塑料杯中的冰块，比盖有小片棉花的塑料杯中的冰块融化得快；盖有小片棉花的塑料杯中的冰块，又比盖有大团棉花的塑料杯中的冰块融化得快！

冰块需要热量才能融化，而在实验中，这些热量来自太阳。三个杯子里冰块融化的速度不一样，是因为它们接收到的热量不同。

因此，透明的玻璃让冰块接收到了最多的热量，而且玻璃还阻挡了杯中受热的空气与杯外较冷的空气混合。

这种留住热量的方法，其原理与温室效应是一样的。

4.有什么用？

所有物体都会吸收太阳的热量，而且所有物体都会向大气发出我们用肉眼看不到的热辐射，也就是红外线，玻璃会将这些红外线再反射回来。也正是出于这个原因，园艺家才会利用温室为植物创造温暖的生长环境。在大气中，二氧化碳和其他一些气体会将物体发射出的红外线反射回来，从而导致地面和大气的温度升高，所以我们把这些气体称为"温室气体"。自从人类开始燃烧煤炭、石油或煤气，大气中的温室气体明显增多，这些气体正在不断污染和加热着大气。

第四章

如何在空气中移动?

人类在观察鸟类飞行时，梦想着能像它们那样展翅翱翔，不过，这个梦想花了很长时间才得以实现：首先，人类需要发现并了解空气的特性，以及某个物体在空气中移动时发生的现象。

在实现空中飞行之前，空气（以风的形式）被用作一种动力，尤其是在海上：由风推动的帆船让人们懂得，不同形状和不同指向的船帆，可以让船只朝着不同的方向前进，而不仅仅只能顺风而行。

风筝在13世纪传入欧洲，对风筝的细致观察推动了人们对相关机制的了解，这些机制后来被用于制造飞行器。实际上，人类通过不断进行测试（形状、方向和风速等），渐渐掌握了可以让一个物体飞到空中，并以不同方式在空气中移动的技术。

另一种可以让物体在空气中飞行——或者更确切地说，让物体升空——的方法，就是利用热空气和比空气轻（密度更小）的气体。1783年，法国的孟格菲兄弟（Frères Montgolfier）制造出了世界上第一个利用热空气升上高空的热气球，但无法控制热气球的飞行轨迹。雅克·夏尔（Jacques Charles）用一个氢气球在法国完成了同样的飞行试验。

首次可以控制轨迹的飞行试验，发生在1891年，是由德国人奥托·李林塔尔（Otto Lilienthal）用一架滑翔机完成的。此后，李林塔尔又在一个人造山丘上进行了两千多次滑翔飞行，不断地改进自己的滑翔机，并掌握了飞行和轨迹的参数（形状、移动速度，以及在飞行中改变这些参数的方法）。此后，飞行器技术的进步大大加快，最终诞生了速度快、安全性高的飞机。

本章中的实验，将带你发现物体在空气中移动的不同方式，以及移动时产生的现象，并让你了解几种飞行器的运作原理。

01 一杆水枪

盥洗、园艺、绘画……我们在很多时候都会用到喷雾器。

那么，喷雾器是如何工作的呢？

1.需要什么？

一杯水

一根吸管

一把剪刀

2.做什么？

1 把吸管浸入杯中，直到吸管的一头触到杯底，剪短吸管，让吸管的另一头超出杯口0.5厘米。

2 把剪下来的那截吸管剪成3厘米长。

3 把杯子里的吸管贴在杯壁上。把短的那截吸管含在嘴里，然后把它靠向长吸管露出杯口的一端。

4 当两截吸管靠在一起时，用力地朝短吸管里吹气。

发生了什么？

3.什么原理?

真凉快啊!
无数的小水珠在你面前喷溅了出来。

你吹出的气流从浸在水中的长吸管上方经过，令空气无法以自身全部的重量压向长吸管的内部。而在长吸管的外部，空气继续以自身全部的重量压向水面。由于空气对长吸管外部施加的压力要大于对内部施加的压力，空气就推动了水，从吸管里喷溅了出来。

达到长吸管顶端的水，在你吹出气流的作用下分散成小水珠，并被抛掷到气流中。为了描述空气对长吸管内部施加的压力小于对外部施加的压力，我们会说长吸管里形成了"低气压"。

4.有什么用?

正在冒烟的壁炉烟囱的顶部，会出现这种低气压的现象。风从烟囱上方吹过，可以通过烟囱把壁炉燃烧时产生的烟吸上来。这样，房间里就不会烟雾缭绕了。

02 拉近距离的气流

我们都听说过能把房顶上的屋瓦整个儿带走的龙卷风。

那么，空气的力量是否强大到能够移动重物呢？

1.需要什么？

两个玻璃杯

一把剪刀

两或三根吸管

一把刻度尺

2.做什么？

1 剪下6截长5厘米的吸管。

2 把6截吸管3根一组地放在桌子的边缘位置，两组吸管相距3厘米。

3 在每组吸管上放一个玻璃杯。两个杯子的间距应该约为2厘米。

4 往两个杯子之间用力地吹气。

发生了什么？

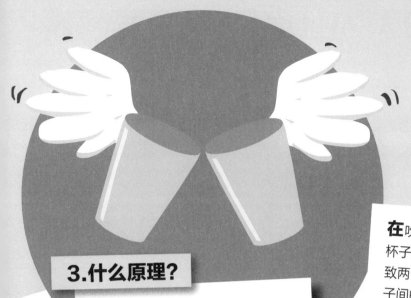

难以置信！两个杯子相互靠近了！如果你吹得足够用力，两个杯子甚至会碰在一起。

3.什么原理？

一开始，两个杯子之间有空气，就像它们放在房间里的任意位置上时一样。空气以同样的方式，对被空气环绕的一切物体施加压力。

在吹气时，我们移动了空气，在两个杯子之间制造出一股气流。这股气流导致两个杯子之间的气压下降。所以，杯子间的空气对杯子施加的压力就没有杯子周围空气对杯子施加的压力大，杯子就被推到了一起。

4.有什么用？

正是由于类似实验中的这种气流的存在，紧靠站台边缘站立成了一种危险的举动。在列车飞速驶过时，气流会减小列车和站台之间的气压，因此，等车的乘客如果紧靠站台边缘站立，就有可能被身后的空气推向列车。

03 为什么飞翔需要翅膀?

绝大多数鸟类、飞机和滑翔机驾驶员,可以借助翅膀升到空中,并在空气中维持飞行状态。
翅膀是如何让他们飞行的呢?

1.需要什么?

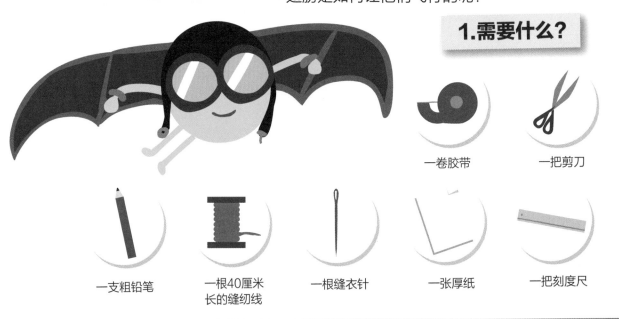

一卷胶带

一把剪刀

一支粗铅笔

一根40厘米长的缝纫线

一根缝衣针

一张厚纸

一把刻度尺

2.做什么?

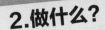

1 用厚纸剪一个15厘米 × 5厘米的长方形。在长边上距一侧8厘米的位置上将纸对折。

2 用铅笔把大的那块纸向内卷起,让纸形成一个弧面。抽出铅笔,用胶带把纸与折痕相对的两边粘起来:上面有弧度,下面是平的。

3 在距离折痕2厘米的地方,借助缝衣针把缝纫线穿过这个"翅膀"。它必须能够沿着缝纫线自如地滑动。

4 抓住缝纫线两端拉直缝纫线。沿水平方向,用力地朝折痕吹气。

你观察到了什么?

3.什么原理？

翅膀飞起来啦！如果我们在翅膀上升过程中继续朝它的上方吹气，翅膀就会一路升到缝纫线的顶端。

纸 页的受力原理就如同飞机的翅膀：从它有弧度那面通过的空气被隆起的纸面"扰乱"，而从平的纸面那侧通过的空气未受影响。

由 于从它上方通过的空气比从下方通过的空气速度快，因此，它对翅膀上方施加的压力就小。于是，翅膀被下方的空气推动，就好像受到了来自上方的吸引一样——翅膀飞起来了。

在 飞机上，发动机扮演了实验中吹气者的角色。

4.有什么用？

飞 机翅膀的弧线造型，被用在了与推动、牵引和飞行有关的领域：直升机的螺旋桨提供升力，让直升机起飞；飞机、船只和潜艇的螺旋桨朝向前方，把它们向前推动；三角形滑翔翼微微隆起，让运动员可以进行慢速移动；航天飞机宽阔的三角翼，则让航天飞机在穿过大气层之后以较高的速度着陆。

04 随风而去

苹果、樱桃、香蕉，还有豆荚，都属于果实。

一些植物的果实，比如榆树钱，带有类似翅膀一样的东西。

果实的"翅膀"有什么作用呢？

1.需要什么？

橡皮泥

一把剪刀

一条6厘米 ×
20厘米的纸带

一个装满沙子
或湿土的盆

2.做什么？

1 把纸带剪成长10厘米的两段（构成两个翅膀）。

2 把两条纸带叠放在一起，然后对折，形成一个如图中所示的V字形底座。

3 在底座上放一点橡皮泥，给这架"直升机"装上压载物。

4 把"直升机"朝着盆的方向抛出，然后仔细观察。

"直升机"是如何坠落到沙子里的？

两个翅膀岔开了，所以"直升机"旋转起来。榆树的种子正是借助这种原理进行散播的：种子在到达地面前，可以利用翅膀飞到更远的地方。

3.什么原理?

"直升机"旋转着缓缓落在沙子上，并微微地陷进沙子里。

4.有什么用?

蓟、蒲公英和其他很多植物的种子，都可轻易地随风飘走。凤仙花的果瓣在成熟时会自行爆裂，把种子朝各个方向弹射出去。樱桃会引来鸟雀，鸟儿把樱桃带走，吃掉果肉，把果核扔掉。有一种野生的茜草，有"旅行茜草"之称，可谓"草如其名"。这种林下草本植物的种子，会借助身上的大量小钩挂在动物或路过行人的身上，走遍天涯海角。因此，种子的散播方式各有不同。

05 形状的故事

滑翔机的翅膀又细又长。

相反，高速飞机的翅膀则又短又小，就像箭头一样。

翅膀的形状是如何影响飞行的呢？

1.需要什么？

一卷胶带

三张A4纸

一把刻度尺

一把剪刀

2.做什么？

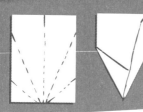

1 按照图中所示，用两张纸折两架纸飞机。

2 把第三张纸剪成两半，沿宽边的方向对折两次。用胶带保持住折纸的形状，并把这个长方形的正中粘在其中一架纸飞机距离机头12厘米的位置上。

3 在一个开阔的地方，站在同一个位置，朝同一个方向抛出两架纸飞机，观察每架纸飞机的飞行速度和距离。

4 首先用力抛出，然后轻轻抛出，最后伸直胳膊，撒开纸飞机。

你注意到了什么？

注意： 不要冲着人抛出纸飞机，因为纸飞机可能会伤到对方的眼睛。

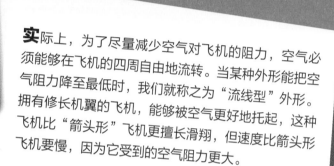

3.什么原理?

用力抛出纸飞机的时候,箭头形纸飞机飞得更快,也更远;而粘了长方形"机翼"的纸飞机,则在空中左右摆动,难以飞快,但在伸直胳膊撒开两架纸飞机的时候,却能够飞得更远。飞机的外形越尖细,飞行速度就越快。

实际上,为了尽量减少空气对飞机的阻力,空气必须能够在飞机的四周自由地流转。当某种外形能把空气阻力降至最低时,我们就称之为"流线型"外形。拥有修长机翼的飞机,能够被空气更好地托起,这种飞机比"箭头形"飞机更擅长滑翔,但速度比箭头形飞机要慢,因为它受到的空气阻力更大。

4.有什么用?

协和式飞机(一种由法国航空公司和英国航空公司联合研制的中程超声速客机)拥有细长的三角翼,令机身呈箭头形,可以让空气沿着机身滑过。借助流线型机身和细长的机翼,协和式飞机的时速可达2 333千米,横跨大西洋仅需3个小时(最高时速达2 350千米)。所有的竞速运动(从赛跑到赛车),运动装备都经过精心的研究,以获得最好的在空气中穿越的效果,同时运动员周围空气也具有最佳的流转效果,将空气对运动员的阻力降至最小。

06 航天飞机会滑翔！

一架发动机重达数十吨的航天飞机，是
如何像鸟儿一样滑翔的呢？

1.需要什么？

胶水

几颗木螺钉

一把手动
螺旋钻

一把锯子

一把螺丝刀

一把刻度尺

一张A4纸

一个吹风机

细线
（比如绑肉线）

一根2米长
的方形木条

六个金属角码

一根烤串签

一支铅笔

2.做什么？

这个实验需要在成年人的陪同下完成。

1
把木条切成几段：
a)2段50厘米长；
b)2段30厘米长；
c)2段20厘米长。

13.5厘米

宽边

长边

3
按照图中所示，在距离A4纸宽边
13.5厘米的位置画一条竖线。沿着
这条竖线折叠，然后用胶水把A4纸
的两条宽边粘起来，将平的一面放
在桌子上，你就得到了一个机翼。

机翼俯视图

2.5厘米

2.5厘米

2
用4个角码和木螺钉，制
作一个50厘米 x 30厘米
的木框架；然后用剩下
的2个角码，把2段20厘
米长的木条固定在木框
架的底部，做成底座。

4
按照图中所示，用烤串签
在有折痕那边距机翼两边
各2.5厘米的位置上各扎一
个洞。把两根细线从洞中穿
过，然后把机翼固定在木框
架上。机翼必须能够在细线
上自如地滑动。

5
让吹风机
正对着机
翼吹。

3.什么原理？

机翼会沿着细线向上升起，即便气流方向并非从下往下。向机翼正面吹出的气团分成两股气流，一股在上，一股在下。这两股气流同时到达机翼的后方。但是，由于机翼上表面的形状和下表面的形状不一样，于是从上方达到后方的路线，要比从下方到达的长。

从机翼上方经过的气流要想与从下方经过的气流同时到达，就必须跑得更快。这种速度差造成了机翼上方和下方之间的大气压力差。机翼升起，是因为机翼上表面受到的大气压力比下表面的小。实际上，机翼并不是托起了飞机，而是把它向上拉起！

4.有什么用？

对机翼上方低气压原理的了解，令飞机在20世纪初升上了天空。时至今日，绝大部分的飞机和滑翔机依然在借助这个原理保持空中的飞行姿态。而航天飞机则可以借助短小的机翼在重返大气层准备着陆的航程中滑翔，无须使用发动机，至少在这段航程中不需要！

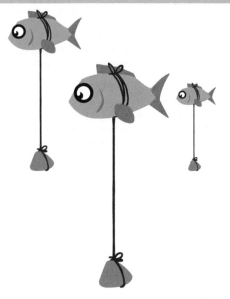

07 如鱼得水

鱼儿在水中游动。

是什么让鱼儿能够停留在水中，既不会浮上水面，也不会沉到水底呢？

1.需要什么？

一个小塑料瓶（带盖）

一颗小石子

一支铅笔

一根吸管

一把圆规

一盆水

2.做什么？

1 用圆规尖在塑料瓶的盖子上扎两个洞。用铅笔把洞稍稍扩大，让吸管能够穿过去。

2 把小石子放进塑料瓶里，然后浸入盆里的水中。此时塑料瓶应该沉底。如果塑料瓶漂了起来，就换一颗更重的小石子。

3 在水中把塑料瓶盖起来，然后往吸管里小口吹气。每吹一口气，就把吸管放开一下，直到塑料瓶浮上水面。

4 多试几次，每次都要往塑料瓶里装满水。

塑料瓶是否每次都会浮上水面呢？

3.什么原理？

塑料瓶里的小石子和水，让塑料瓶沉到了水底。我们往塑料瓶里输送的空气越多，它就越往上浮。如果塑料瓶里的空气很多，它就会漂浮在水面上；如果塑料瓶里的空气很少，它就会待在水底。

塑料瓶有时会升起来，并漂浮在水面上，有时则停留在盆的中央，位于水面和水底之间。

但还有一个空气量，让塑料瓶既不会沉到水底，也不会浮上水面。这个空气量，得以让塑料瓶、小石子、水、空气和吸管合起来的密度等同于它们周围水的密度，也就是说，二者体积相同，重量也相同。实际上，如果称一称这些组成部分的重量，我们会发现，它们的重量会跟相同体积的水的重量相等！

4.有什么用？

所有鱼类的身体密度都比水的密度大，但大部分鱼类的体内都有一个小口袋，它们可以往口袋里充气或放气——鱼是从周围的水中获得这部分气体的。如果鼓起小口袋，鱼就会朝着水面上升；如果放空小口袋，鱼就会朝着它们选择的深度向下沉。这个小口袋叫作"鱼鳔"。鲨鱼没有鱼鳔，所以它们必须一刻不停地游动，才不会沉入海底。

08 瓶子里的潜艇

潜艇在水较浅的地方（不及1 000米），
是如何沉下去和浮起来的呢？

1.需要什么？

一个带瓶盖的
大塑料瓶
（避免使用矿泉水瓶）

四个曲别针

一支笔杆透
明的圆珠笔

自来水

一卷胶带

2.做什么？

1 把圆珠笔的笔芯抽出来，保留笔杆顶部
的小塞子。用胶带封住笔杆上的小孔。
把曲别针卡在笔尖的位置上。

2 用水把塑料瓶灌得满满的（这对
实验的成功非常重要）。把圆珠
笔卡着曲别针的一头朝下，浸入
瓶中，然后盖上瓶盖。如果圆珠
笔漂起来，"潜艇"就做好了。
如果圆珠笔沉下去，就取掉一个
曲别针，减轻重量，然后再把圆
珠笔放进装满水的瓶子里。

3 潜艇做好之后，用手挤压塑料
水瓶。

圆珠笔发生了什么变化？

3.什么原理?

当我们用手挤压塑料水瓶时,圆珠笔沉到了瓶底;当我们把手放开时,圆珠笔又升了上来。我们把这个用圆珠笔和曲别针制作的小装置称为"沉浮子",它早在两百多年前就已出现(当然是用另一种材料做成的!)。沉浮子的升降原理和潜艇是一样的。

沉浮子上浮,是因为它比周围被排开的水要轻,水的浮力把沉浮子托了起来。当我们挤压塑料水瓶时,水进入沉浮子,压缩了里面的空气。充满水的沉浮子重量加大,就会沉到水底,因为它的重量超过了周围被排开水的重量。

4.有什么用?

浅水中的潜艇利用了这个现象。我们可以让潜艇中某些装置内海水的多少发生变化:当海水增多时,潜艇下沉;当海水减少时,潜艇上浮。

09 制作一艘潜艇

潜艇里的储蓄池、压载水舱，是如何让潜艇潜入水中的？

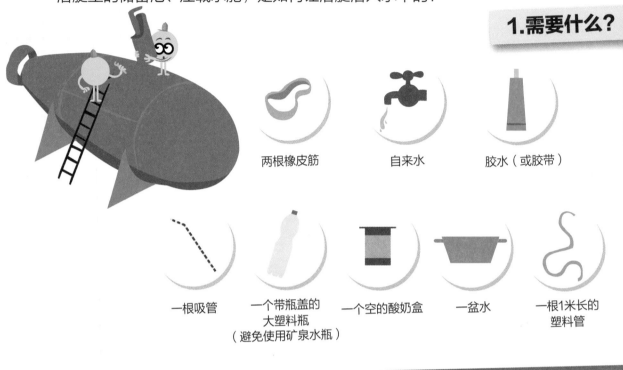

1.需要什么？

两根橡皮筋

自来水

胶水（或胶带）

一根吸管

一个带瓶盖的
大塑料瓶
（避免使用矿泉水瓶）

一个空的酸奶盒

一盆水

一根1米长的
塑料管

2.做什么？

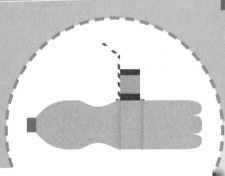

1 把酸奶盒倒过来，用橡皮筋固定在大塑料瓶上。往瓶里灌满水，然后把吸管粘在酸奶盒上，做成一个潜望镜。

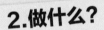

2 在酸奶盒的侧面扎两个洞，一个靠上，一个靠下。把塑料管的一头粘在靠上的洞里。

3 把"潜艇"放进盆里的水中："潜艇"浮了起来。含住塑料管的另一头吸气。

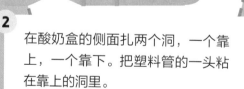

你的"潜艇"发生了什么变化？

3.什么原理?

水进入酸奶盒里,"潜艇"沉入了水中。酸奶盒里额外的水增加了"潜艇"的重量,但并没有增加"潜艇"的体积。盆中水对"潜艇"的浮力是由"潜艇"排开的水的体积决定的,这股浮力已经不足以让"潜艇"停留在水面,于是"潜艇"就下沉了。

4.有什么用?

一艘真正的潜艇,会配备好多个这种叫作"压载水舱"的储蓄池,可以把空气储存在这些压载水舱里。当潜艇浮在水面上时,压载水舱里充满了空气。当它要潜入水中时,就打开阀门,让水灌入压载水舱。潜艇上的设备可以控制压载水舱里的水量,因此可以精确地控制下潜的深度。甚至还可以选择让水灌入左侧或右侧的压载水舱,或是前部或后部的压载水舱,从而控制潜艇倾斜的角度和方向。

10 制作一辆反作用力汽车

有没有可能用一种简单的方法，制造一辆会自动前进的汽车呢？

1.需要什么？

一个小汽车模型
（或是一个跑动灵活的卡车模型）

胶水
（或胶带）

一支没有笔芯的圆珠笔

一个大气球

一根橡皮筋

一个晒衣夹

2.做什么？

1 把圆珠笔管粘在车顶上。吹鼓气球，用橡皮筋把它固定在圆珠笔管的一端，然后用晒衣夹夹住气球嘴。

2 你的自动汽车准备就绪了。把汽车放在一个光滑平整的表面上，然后猛地松开晒衣夹。

发生了什么？

3. 什么原理?

**汽车向前冲去，
气球则瘪了下去。**

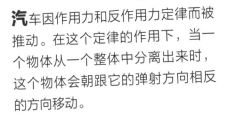

汽车因作用力和反作用力定律而被推动。在这个定律的作用下，当一个物体从一个整体中分离出来时，这个物体会朝跟它的弹射方向相反的方向移动。

在实验中，被弹射出来的是空气，它推动汽车朝着相反的方向前进。

4. 有什么用?

地球上常见的汽车，没有任何一种是利用作用力和反作用力定律来移动的。相反，我们在水上前行的时候，会用到这个定律：海上摩托艇从前部把水吸入，然后从后部把水猛烈地喷射出来，从而推动摩托艇前进。我们还会利用这个定律把航天飞机发射到大气层以外的空间，那里没有空气。